AF458349

# DESCRIPTION

DE LA

# PENDULE ASTRONOMIQUE

DÉCIMALE,

À SÉCONDE, À REMONTOIR

ET À SONNERIE DÉCIMALE;

PRÉSENTÉE

*A LA CONVENTION NATIONALE,*

Par ROBERT ROBIN, Horloger au Louvre, galerie des Artistes.

*A PARIS,*

Chez ROCHETTE, Imprimeur, rue Beaurepaire, ci-devant Sorbonne, N° 382.

*L'an II. de la République Française.*

BIBLIOTHÈQUE NATIONALE R.F. IMPRIMÉS

Voir: microfiche même cote

8° 88/1197

Vp 4362

# DESCRIPTION
## INTÉRIEURE

*Des dimensions et des effets de la Pendule astronomique décimale, acceptée pour la Convention par décret du 17 vendimiaire, deuxième année de la République Française, une et indivisible.*

1. LA mesure du tems, qui doit être considérée comme une des nécessités de la vie civile, par l'armonie qu'elle répand dans tous les ordres de la société, en liant par des rapports les affaires générales et particulières de tous les citoyens.

2. Plus encore indispensable pour apprécier toutes les observations qui concourent à augmenter les connoissances de la nature, tant physiques qu'astronomiques, nécessaires à la navigation, et d'ailleurs estimable par les sciences qu'elle réunit.

3. Cet art, dis-je, abandonné à lui-même, n'a pas laissé que de faire des progrès, mais des progrès foibles et lents par le peu de cas qu'on en faisoit dans les derniers siècles.

4. Son mérite méconnu, ou du moins peu

senti, n'éxistoit seulement que pour faire briller tous les arts de luxe.

5. Il y a plus de quinze ans que j'exécute, et avec succès, des pendules astronomiques sur les mêmes principes que celle que j'ai l'honneur de présenter à la Convention nationale ; mais la méchanique naturellement froide et n'interéssant que par ses effets, je crois qu'il est nécessaire d'expliquer de nouveau en quoi consiste le mérite particulier de ces pendules astronomiques qui m'ont causé tant de veilles et d'expériences, pour influencer les élémens qui concourent tous à désorganiser ce machanisme.

6. On verra dans cette construction que ce n'est qu'en simplifiant les effets, que j'ai acquis cette extrême justesse.

7. On parvient à la juste mesure du tems par la physique : c'est l'effet du pendule ou régulateur.

8. On parvient à la juste mesure du tems méchaniquement : c'est l'effet du rouage et de l'échappement.

9 Mon intention n'étant point de donner ici les moyens de construire, je n'entrerai point dans les détails particuliers qui sont infinis. Je me bornerai à faire sentir autant qu'il est possible la préférence qu'on doit donner aux pendules à remonter, sur les autres.

10. Pour faire sentir en quoi consiste leur mérite particulier, il faut d'abord établir ce que c'est qu'une pendule à séconde ordinaire.

11. Une pendule à séconde simple est une machine qui divise le tems en la plus petite quantité possible, non pas mathématiquement, mais méchaniquement en une quantité sensiblement apparente à nos sens, telle que les heures, les minutes et les sécondes.

12. Les heures multiplient le produit des minutes, les minutes multiplient le produit des sécondes; ces trois membres de divisions placés autour d'un cercle qui recommence où il finit, nous indiquent par un mouvement continu, la mesure du tems passé, présent et à venir, ce qui donne aux astronomes des moyens pour asseoir de vrais rapports dans toutes leurs observations : aussi conviennent-ils tous, que l'horlogerie et l'astronomie sont redevables l'une à l'autre de leurs progrès.

13. Le pendule est absolument la machine qui mesure le tems naturellement, par les oscillations que lui fait décrire une force quelconque, qui l'a écarté de la verticale d'une quantité donnée.

14. Par la puissance qu'il a acquis par cette force, il conserve ses oscillations de même grandeur moins la pression de l'air sur toutes les parties qui

composent ce régulateur, moins la resistance qu'éprouve la suspension à s'émouvoir.

15. Cette machine ainsi posée est donc l'instrument qui mesure le tems physiquement.

16. L'échappement et le rouage ne sont que les rapporteurs des oscillations de ce pendule, au moyen des aiguilles qui les indiquent sur le cadran, par la communication qui existe entre le pendule et l'échappement, par la fourchette qui est conduite par le pendule et le pendule par la fourchette alternativement. Je dis alternativement, parce que le pendule conduit la fourchette pendant l'arc de supplément, et la fourchete conduit le pendule pendant l'arc constant ou d'impulsion. C'est ce qui constitue la réunion des effets méchaniques et physiques pour mesurer le tems.

17. Le tems apparent le plus petit mesuré par cette machine est une seconde. L'aiguille des secondes ayant fait le tour du cadran aura donc parcouru les cent divisions du cercle : ainsi pour nous procurer toutes les sommes possibles, il ne faudra que les répéter.

18. Nous composerons donc cette machine d'une seul roue, dont l'axe portera l'aiguille des secondes. Cette roue sera divisée en 50 parties qui formeront les dents. Chaque dent produira une implusion sur chaque levier pendant que l'aiguille fera le tour du cadran ; ce qui donnera 100 secondes.

19. Ces sécondes seront mesurées par le régulateur, au moyen de sa jonction avec la fourchette; ce qui mesure la durée et l'étendue des vibrations.

20. Cette machine ainsi établie, on voit que l'effet du pendule et de mesurer le tems, et que l'effet du rouage et de l'échappement est de compter et multiplier ces petits espaces au moyen des divisions qui sont sur le cadran.

21. Nous rappellerons ici que le pendule conserve ses oscillations toujours les mêmes, moins la résistance de l'air, moins les frottemens de la suspension.

22. Or ces deux causes réunies opérent donc une petite perte des forces mouvantes à chaque vibration. Puisque ces deux causes ont perpétuellement lieu, au bout d'un tems relatif à cette perte, le pendule sera rétabli dans l'état de repos.

23. C'est ici où il faut réunir les effets physiques avec les effets méchaniques pour perpétuer les oscillations du pendule.

24. Nous avons expliqué que le pendule perdoit à chaque vibration une portion de force mouvante : or, si par le méchanisme nous lui restituons à chaque vibration une quantité de force égale à celle qu'il perd, nous rétablirons

donc l'équilibre entre la perte et le produit de cette force de mouvement.

25. Pour achever la construction de cet instrument, il faut donc ajuster une poulie sur la tige de la roue d'échappement; dans cette poulie passer une corde qui ne pourra couler au moyen des pointes qui seront plantées sur le noyau. A la corde sera attaché un poid qui entraînera la roue d'échappement; cette roue imprimera une puissance proportionnelle à ce poid, aux leviers qui s'opposent au mouvement de cette même puissance et au pendule par la fourchette.

26. D'où il suit que l'échappement imprimera à chaque impulsion une force de mouvement au régulateur, qui réparera la perte de mouvement dont nous avons parlé, et rétablira les oscillations dans leurs états naturels; mais il faut que la force de mouvement donné par le méchanisme soit absolument de la même quantité que celle perdue par le pendule par les deux causes ci-devant énoncées, sans quoi ses ossillations ne seroient plus naturelles; ils seroient influencés par le méchanisme, et par conséquent subordonés à tous ces vices.

27. Cette machine ainsi exécutée, le pendule mesure le tems naturellement et conduit par sa puissance réglante le méchanisme de l'échappement pendant l'arc de supplément, et

à son tour le rouage entretenu par le poid, mesure le tems méchaniquement, et conduit le pendule pendant l'impulsion ou l'arc constant.

28. Voilà l'instrument qui mesure le tems, et dont le méchanisme est réduit à la plus grande simplicité; mais cette machine n'est construite pour le mesurer que pendant une minute ou plusieurs, en supposant que le poid soit cinq ou six à épuiser la corde.

29. Un instrument dont la marche seroit d'aussi peu de durée, seroit presque inutile à l'usage civil et aux observations.

30. Il faut donc ajouter des roues et des pignons nombrés dans les rapports nécessaires, pour que cette machine marche un mois, trois mois, un an; enfin terme qui est réduit dans la pluspart à un mois, et dont les mobiles sont au nombre de six.

31. Le poid est multiplié autant de fois que le nombre des pignons est contenu dans les roues, d'où il suit que les frottemens et les inégalités sont multipliés dans les mêmes rapports.

32. Si nous considérons cet instrument comme dans l'article 18, et que nous le reconnoissions véritablement suffisant pour mesurer le tems, ce grand méchanisme que nous venons d'ajouter, qui entraîne avec lui tant de vices de construc-

tion et d'exécution, est donc absolument étranger à la mesure du tems, puisqu'il ne fait que multiplier la durée de la marche de cet instrument.

33. Il est donc contre toutes les lois du jugement et de la méchanique, qu'on fasse dépendre la justesse d'une pendule à séconde de tous ces mobiles qui sont non seulement étangers à la mesure du temps, mais qui s'opposent absolument à sa marche régulière.

34. Pour remédier à ce vice de construction, j'ai séparé les effets scientiphiques des opérations méchaniques.

35. Par ce moyen j'ai conservé à la partie qui mesure le tems toute sa simplicité, ce qui procure les moyens de lui donner une exécution délicate et relative aux frottemens et à la masse de matière qui la compose, et reduit beaucoup ces mêmes frottemens ; et j'ai conservé une très-grande solidité à la partie méchanique (que j'appelle remontoir.)

36. Cette partie est celle qui remplace la quantité de mobiles dont nous avons parlé comme inutiles à la mesure du tems, et qui rétablit toutes les minutes le poid à la hauteur qu'il étoit une minute avant.

37. Cette construction réunit à la fois, la justesse et uniformité de la marche, la préci-

sion de l'exécution, la facilité du gouvernement de cette machine, et une extrême solidité par les proportions relatives aux resistances de toutes les parties de cet instrument.

38. Je crois que cet exposé suffit pour donner à la Convention une idée du mérite particulier de cette pendule, des veilles qu'elle m'a causée pour parvenir à cette justesse, qui est appréciée par les astronomes à $\frac{2}{18}$ de séconde de variétés journallières ; que par conséquent elle peut constater dans ce siècle le progès des machines françoises destinées à la mesure du tems.

*Description extérieure des effets de la pendule astronomique, à séconde, à remontoir et à sonnerie décimale.*

39. La forme de cette pendule est un pilastre en bois d'acajou, dont les pannaux sont de glace qui laissent voir tout l'intérieur du méchanisme.

40. Dans le fond de cette boette est un chevalet auquel est attaché le pendule ou régulateur: ce pendule une fois posé, on peut et on doit démonter le mouvement autant de fois qu'on en a besoin pour y travailler, sans toucher à ce régulateur, d'où il suit que la pendule une fois reglée c'est pour toujours.

41. Le pendule est à chassi, et n'a d'autre ajustement que les points de contact; la forme

de ses branches est ovale, et présente presque tout le corps à découvert; par ce moyen augmente les surfaces quant à la sensibilité du chaud et du froid, et diminue la résistance de l'air; quant aux ossillations, la coésion des branches réduit presque à zero leurs pésanteurs diminuées d'un quart, la gravité et puissance réglantes augmentent de ce quart.

42. Sur les branches de ce pendule est ajusté un piromêtre à cadran d'émail, pour rendre compte des effets de la temperature sur ces corps.

43. Au-dessous de la lentile est un limbe sur lequel les degrès sont divisés pour estimer la pression de l'air sur le pendule, par l'étendue des vibrations.

44. Dans le haut du pilastre est posé le cadran de la pendule, derrière lequel est la cadrature et l'échappement: cette partie réunie au pendule, c'est ce que j'appelle la partie scientifique de l'horlogerie.

45. Le cadran est divisé en dix heures pour la durée d'un jour de minuit à minuit; l'heure est divisée en cent minutes, la minute en cent secondes.

46. Dans le chapiteau ou corniche du pilastre est placé le remontoir, ou mouvement qui fait aller la pendule pendant un tems donné: la sonnerie est aussi placée dans ce chapiteau à côté

du remontoir; c'est ce que j'appelle les parties méchaniques de la pendule. (1)

*Intelligence de la sonnerie pour la manière de compter les décimales par le son des timbres.*

47. Comme la durée des heures est infiniment plus grande dans la division décimale que dans l'ancienne division, il seroit bien long d'attendre une demi-heure, ou un quart d'heure pour entendre la sonnerie.

48. D'ailleurs, pour nous familiariser avec les décimales, il convient qu'une pendule de cette nature sonne les décimales.

49. J'ai donc imaginé une sonnerie qui indique l'heure de puis dix minutes jusqu'à cent, et on n'aura jamais à compter que quatre coups.

50. De cette manière l'esprit quoi quoccupé, discerne l'heure sans se distraire.

51. La sonnerie de cette pendule aura trois timbres, deux petits pour les décimales et un plus gros pour les heures.

52. Chaque coup d'un seule marteau sur le petit timbre exprimera une décimale.

53. Chaque coups doubles sur les deux petits timbres exprimeront une décimale plus cin-

(1) Voyez la description de mes pendules à remontoir dans les mémoires de l'Académie, année 1777.

quante ; c'est - à - dire, dix minutes après la demi.

54. A 10 m^tes la pendule sonnera donc un coup sur le plus petit timbre.

55. A 20 m. deux coups sur le même.

56. A 30 m. trois coups sur le même.

57. A 40 m. quatre coups sur le même.

58. A 50 m. le plus gros timbre sonnera un coup, ce qui annoncera la demi comme les pendules ordinaires.

59. A 60 m. un double coup sur les deux petits timbres, ce qui exprimera 10 minutes après la demi = 60.

60. A 70 m. deux doubles coups.

61. A 80 m. trois doubles coups.

62. A 90 m. quatre doubles coups.

63. A 100 m. elle sonnera l'heure sur le gros timbre.

64. Cette manière de sonner n'est pas plus embarrassante à compter qu'une pendule à quart, ordinaire, et les effets du méchanisme sont très-assurés. (1)

Citoyens Législateurs,

Le décret qui déclare la division décimale être la seule dont on se servira pour la mesure du tems, comme pour la division de tous les instrumens de mathématique.

Quoiqu'indispensable, quoique bien com-

---

(1) Le citoyen *Robin* prévient qu'il a aussi imaginé une montre à répétition qui sonne les minutes de 10 en 10 comme la pendule.

biné ne laisse point que de faire une revolution dans l'horlogerie.

Je suis bien loin de réclamer contre ce décret ; j'ai dit, et même j'ai écrit que l'art y gagneroit beaucoup. Plus je pratique, et plus je m'affermis dans ce sentiment.

Mais il reste un pas à faire qui n'est pas moins intéressant, qui dédommageroit le public et les artistes du grand changement qui vient d'arriver dans la mesure du tems, et rétabliroit l'ordre dans l'usage de ces machines, qui est mal organisé par la manière de s'en servir.

C'est que vous décrétiez que le tems moyen est l'heure civile par-tout la République.

J'appuyerai ma proposition, 1°. sur l'invention de ces instrumens, qui sont construits pour mesurer le tems uniformément.

Il est donc ridicule de vouloir régler leurs marches sur un mouvement irrégulier, comme celui du soleil.

2° Sur ce que les besoins de la vie civile et sociale, comme aussi toutes les observations, ont besoin d'une division régulière.

3°. Quil n'y a personne qui ait besoin de régler ses affaires, ses exercices, ses emplois sur la marche du soleil ; il n'est notre régulateur que parce que ces inégalités étant connues, il peut nous servir de vérificateur pour nos machines ; mais non pas de regle pour nos affaires.

4°. Que la loi générale doit être la plus forte. Or, il y a environ 15 millions de montres et pendules dans la République, il n'y en a pas 3 mille à équation.

D'où il résulte un désordre général dans

toutes ces machines, sur-tout quand les erreurs des montres et des pendules agissent en raison invers de l'équation : par conséquent toutes montres mises à l'heure aujourd'hui, si elle sont bonnes et d'une marche uniforme, c'est une raison de plus pour que demain elles ne soient plus sur l'heure qui a été changée par l'équation : par conséquent c'est 1400700o montres et pendules à mettre à l'heure tous les jours, je ne peux placer ici tout ce que ses erreurs présentent à mon imagination de contraire à un art aussi intéressant.

5°. Qu'il n'y a vraiment que les astronomes qui ont besoin de l'équation pour les rapports : ce sont précisement eux qui montrent l'exemple, car la règle ordinaire des observatoires est le tems moyen. Ils ne se servent du tems vrai ou apparent du soleil, que pour des vérifications et avec les tables. (1)

Il y a 18 ans que j'ai plaidé cette cause à l'Académie, et je n'ai été combatu que par la seule objection de l'usage : j'espère que l'usage seul est foible sous le règne de la raison.

---

(1) Ce n'est point que je veuille réformer les pendules à équation, je me suis trop occupé de ce méchanisme pour n'en pas sentir tout le mérite ; mais je le considère à sa place comme un des effets des plus curieux de l'horlogerie méchanique, qui n'ajoute rien à la perfection de la mesure du tems, et que je regarderai toujours comme une production du génie, et un effet précieux dans un cabinet.

BIBLIOTHÈQUE NATIONALE IMPRIMÉS

www.ingramcontent.com/pod-product-compliance
Ingram Content Group UK Ltd.
Pitfield, Milton Keynes, MK11 3LW, UK
UKHW021928230726
13925UKWH00007B/2527

9 782013 459075